FORSCHUNGSBERICHTE DES LANDES NORDRHEIN-WESTFALEN

Nr. 1124

Herausgegeben
im Auftrage des Ministerpräsidenten Dr. Franz Meyers
von Staatssekretär Professor Dr. h. c. Dr. E. h. Leo Brandt

DK 533.9

Prof. Dr. Günter Ecker
cand. phys. Walter Kröll
Dipl.-Phys. Oswald Zöller

Institut für theoretische Physik der Universität Bonn

Fehlerabschätzung für Messungen mit magnetischen Sonden

WESTDEUTSCHER VERLAG · KÖLN UND OPLADEN 1962

ISBN 978-3-663-06307-0 ISBN 978-3-663-07220-1 (eBook)
DOI 10.1007/978-3-663-07220-1

Verlags-Nr. 011124

Gesamtherstellung: Westdeutscher Verlag

Vorwort

Die Einführung einer magnetischen Sonde in ein Plasma bedingt eine Veränderung der Stromdichteverteilung. Der hierdurch verursachte Fehler der Magnetfeld- und Stromdichtemessungen wird unter Vernachlässigung von Temperatureffekten an Hand eines Modells berechnet. Eine allgemeine Beziehung für den Meßfehler wird hergeleitet und mit Hilfe eines Digitalrechners für einige charakteristische Profile ausgewertet. Bei allen Profilen ergeben sich starke Abweichungen in den Randbereichen und in der Nähe des Zentrums der Entladung. Insbesondere widersprechen die Ergebnisse der üblichen Annahme, daß wesentliche Störungen nur beim Vorliegen starker räumlicher Inhomogenitäten des Magnetfeldes zu erwarten seien. Zur Korrektur gemessener Stromdichteverteilungen wird ein Iterationsverfahren angegeben.

Inhalt

I. Einleitung

Die magnetische Sonde findet in der Plasmadiagnostik weitgehende Verwendung, da man aus der gemessenen Magnetfeldstärke Rückschlüsse auf wesentliche Plasmadaten – insbesondere auf die Stromdichte – ziehen kann.
Die Anwendbarkeit der magnetischen Sonde ist in verschiedenen Arbeiten kommentiert worden [1, 2]. Nach diesen Überlegungen soll eine merkliche Störung durch die Einführung der Sonde nur dann auftreten, wenn das Magnetfeld am Ort der Messung stark inhomogen ist. Andernfalls erwartet man den entscheidenden Anteil zu dem Magnetfeld am Meßpunkt von den weiter entfernten Volumenelementen, die von der Sonde nicht beeinflußt werden.
Es ist das Ziel dieser Untersuchung, die Störung des Meßwertes durch die Sonde formelmäßig zu erfassen und zu zeigen, daß sie im allgemeinen auch dann nicht vernachlässigt werden kann, wenn am Ort der Messung nur eine schwache Inhomogenität des Feldes vorliegt. Außerdem soll ein mathematisches Verfahren entwickelt werden, mit dessen Hilfe man aus der gemessenen Stromdichteverteilung die wirklich vorliegende Verteilung berechnen kann.

Modellvorstellungen und Grundgleichungen

Die Sonde beeinflußt den Meßwert des Magnetfeldes durch die Veränderung der Stromdichteverteilung. Diese Änderung ist einerseits bedingt durch den Einfluß der Sonde auf die Leitfähigkeit. Andererseits tritt durch das Vorhandensein der Sonde zu dem ungestörten Problem

$$\operatorname{div} \vec{j} = 0 \tag{1a}$$

mit der Randbedingung

$$\vec{j} \rightarrow \vec{j}_0 \quad \text{für} \quad r \rightarrow \infty \tag{1b}$$

die zusätzliche Randbedingung

$$j_\perp = 0 \tag{1c}$$

an der Sondenoberfläche.

Eine exakte Lösung dieses Störungsproblems für beliebige Sondenform und $\vec{j}_0$-Verteilung ist wegen der mathematischen Schwierigkeiten undiskutabel. Wir beschränken uns daher auf die Behandlung des folgenden Modells.

Wir untersuchen eine unbegrenzte zylindrische Stromverteilung konstanter Stromdichte, in die die Sonde radial eindringt. Bezüglich der Einzelheiten der Anordnung sowie der verwendeten Symbole verweisen wir auf Abb. 1. Selbstverständlich liegt dem Meßverfahren die Voraussetzung $r_s \ll R$ zugrunde.

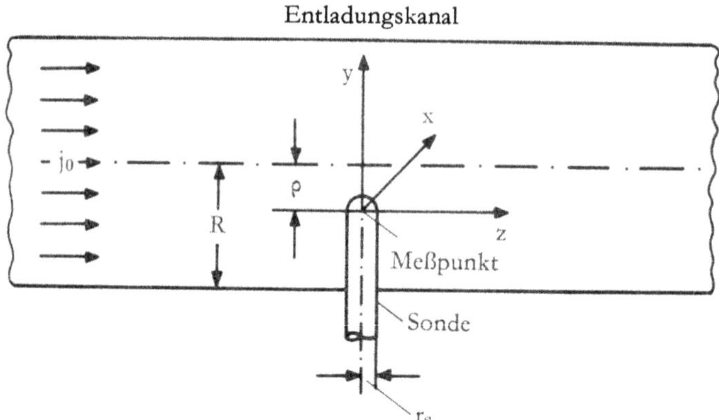

Abb. 1 Modellskizze

Mit dem Ansatz

$$\vec{j} = \text{grad } U \tag{2}$$

geht die Beziehung (1a) in die bekannte Laplace-Gleichung

$$\text{div grad } U = 0 \tag{3}$$

über. Der Ansatz (2) ist an die Forderung

$$\text{rot } \vec{j} = 0 \tag{4}$$

gebunden. Im stationären Fall drückt sich diese Beziehung mit Hilfe des elektrischen Feldes $\vec{E}$ und der Leitfähigkeit $\varkappa$ in der Form aus

$$\vec{E} \times \text{grad } \varkappa = 0 \tag{5}$$

Wir legen unseren Rechnungen (3) mit den Randbedingungen (1b, 1c) zugrunde und implizieren damit die Gültigkeit der Gleichung (5).

Die Gleichung (5) ist trivialerweise befriedigt, wenn die Leitfähigkeit in der Umgebung der Sonde als konstant behandelt werden kann. Dies schließt thermische Einflüsse der Sonde aus. Es ist zu erwarten, daß eine Temperaturerniedrigung durch die Sonde einer scheinbaren Vergrößerung des Sondenradius und damit einer Erhöhung des Störeffektes entspricht.

Eine analytisch geschlossene Lösung der Potentialgleichung (3) mit den Randbedingungen (1b, 1c) ist weder für die Anordnung unseres Modells noch für eine geometrisch ähnliche Anordnung bekannt. Im Rahmen unserer Abschätzung ersetzen wir daher die exakte Lösung durch die Lösung der Halbkugel in dem Bereich $y > 0$ und durch die Lösung des Zylinders im Bereich $y < 0$.

Die Lösung für die Halbkugel stellt sich in einem sphärischen Polarkoordinatensystem, dessen Richtung $\vartheta = 0$ mit der z-Achse zusammenfällt in der Form

$$\vec{j} = j_0 \left\{ \vec{e}_r \cos\vartheta \left(1 - \frac{r_s^3}{r^3}\right) - \vec{e}_\vartheta \sin\vartheta \left(1 + \frac{r_s^3}{2\,r^3}\right) \right\} \tag{6}$$

dar [3]. Die Lösung für den Zylinder ist in einem Zylinderkoordinatensystem dessen Achse mit der Sondenachse zusammenfällt [3]

$$\vec{j} = j_0 \left\{ \vec{e}_r \cos\varphi \left(1 - \frac{r_s^2}{r^2}\right) - \vec{e}_\varphi \sin\varphi \left(1 + \frac{r_s^2}{r^2}\right) \right\} \tag{7}$$

Die Stromdichte nach Gleichungen (6) und (7) besitzt in der Ebene $y = 0$ eine Unstetigkeit. Hier sind Abweichungen von unserer Beschreibung zu erwarten. Störungen des Stromdichtefeldes werden nur berücksichtigt, sofern sie mehr als 1% betragen.

Auswertung für konstante Stromdichte

Wir definieren zunächst folgende Indizes: Der Index (u) kennzeichnet die aus der ungestörten, der Index (g) die aus der gestörten Stromdichteverteilung berechneten Größen. Der Index (k) charakterisiert die Beiträge innerhalb der Ein-Prozent-Grenze für $y > 0$, während der Index (z) die Beiträge innerhalb der Ein-Prozent-Zone für den Bereich $y < 0$ angibt. Der Index (r) kennzeichnet den Beitrag des gesamten Restvolumens. Für die Magnetfeldstörung $\Delta\vec{H}$ gilt dann

$$\Delta\vec{H} = \vec{H}_g - \vec{H}_u = \vec{H}_{gk} + \vec{H}_{gz} - \vec{H}_{uk} - \vec{H}_{uz} \tag{8}$$

Durch elementare Integrationen folgen aus dem Biot-Savart'schen Gesetz mit Hilfe der Gleichungen (6) und (7) die Relationen (s. Anhang)

$$\vec{H}_u = \vec{e}_x j_0 \frac{2\,\pi\,\rho}{C} \tag{9}$$

$$\vec{H}_{uk} = \vec{e}_x j_0 \frac{5\,\pi\,r_s}{C} \tag{10}$$

$$\vec{H}_{gk} = \vec{e}_x j_0 \frac{4.24\,\pi\,r_s}{C} \tag{11}$$

$$\vec{H}_{uz} = \vec{e}_x j_0 \frac{2\,\pi\,r_s}{C} \left\{ \left[10^2 + \left(\frac{R-\rho}{r_s}\right)^2\right]^{\frac{1}{2}} - \frac{R-\rho}{r_s} - 10 \right\} \tag{12}$$

$$\vec{H}_{gz} = \vec{e}_x j_0 \frac{2\,\pi\,r_s}{C} \left\{ \left[10^2 + \left(\frac{R-\rho}{r_s}\right)^2\right]^{\frac{1}{2}} - \left[1 + \left(\frac{R-\rho}{r_s}\right)^2\right]^{\frac{1}{2}} - 9 \right\} \tag{13}$$

Daraus ergibt sich für die Störung ΔH

$$\Delta H = j_0 \frac{2\,\pi r_s}{C} \left\{0.62 + \frac{R - \rho}{r_s} - \left[1 + \left(\frac{R - \rho}{r_s}\right)^2\right]^{\frac{1}{2}}\right\} \tag{14}$$

oder die relative Magnetfeldstörung

$$\frac{\Delta H}{H_u} = \frac{r_s}{\rho} \left\{0.62 + \frac{R - \rho}{r_s} - \left[1 + \left(\frac{R - \rho}{r_s}\right)^2\right]^{\frac{1}{2}}\right\} \tag{15}$$

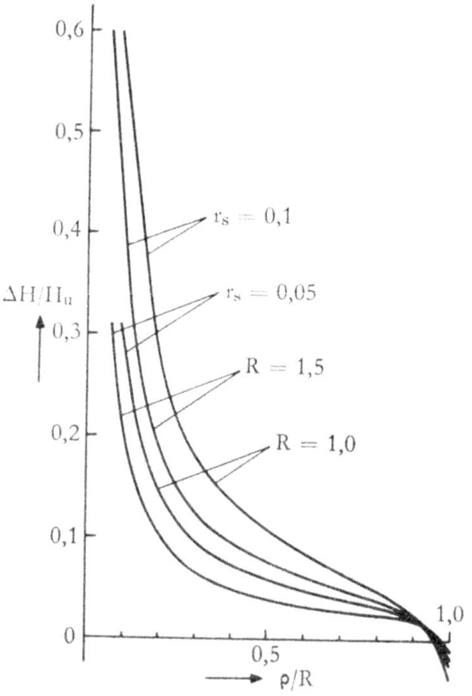

Abb. 2 Relative Magnetfeldstörung für verschiedene Sondendurchmesser (r_s) und Entladungsradien (R); alle Längen sind in cm gemessen

Diese relative Magnetfeldstörung ist in der Abb. 2 als Funktion von ρ/R für zwei verschiedene Radien des Entladungskanals R aufgetragen. Mittels der Beziehung

$$\vec{H}_g = \vec{H}_{gk} + \vec{H}_{gz} + \vec{H}_{gr} = \vec{H}_{gk} + \vec{H}_{gz} + \vec{H}_u - \vec{H}_{uk} - \vec{H}_{uz} \tag{16}$$

ergibt sich $\vec{H}_g$ aus dem Vorgang zu

$$\vec{H}_g = \vec{e}_x j_0 \frac{2\,\pi r_s}{C} \left\{0.62 + \frac{R}{r_s} - \left[1 + \left(\frac{R - \rho}{r_s}\right)^2\right]^{\frac{1}{2}}\right\} \tag{17}$$

Abb. 3 zeigt den Verlauf von H_g/H_u in Abhängigkeit von ρ/R.

Wir haben schließlich noch die scheinbare Stromdichte ermittelt, die sich an Hand der gestörten Messungen mit Hilfe der Formel

$$\frac{4\pi}{C} j_g = \frac{1}{\rho} \frac{\partial}{\partial \rho} (\rho H_g) \tag{18}$$

berechnen würde. Mit Gleichung (17) erhält man hieraus

$$j_g = \frac{j_0}{2} \left\{ \frac{r_s}{\rho} \left(0.62 + \frac{R}{r_s} - \left[1 + \left(\frac{R-\rho}{r_s} \right)^2 \right]^{\frac{1}{2}} \right) + \frac{\frac{R-\rho}{r_s}}{\left[1 + \left(\frac{R-\rho}{r_s} \right)^2 \right]^{\frac{1}{2}}} \right\} \tag{19}$$

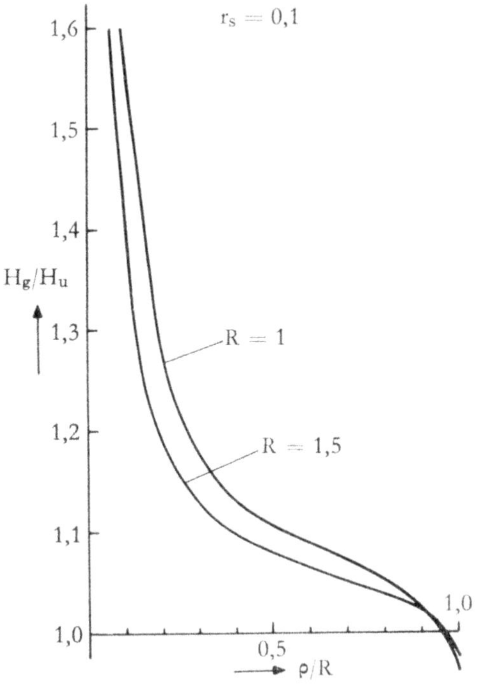

Abb. 3 Verhältnis des gestörten zum ungestörten Magnetfeld bei festem Sondenradius $r_s = 0{,}1$ cm und zwei Entladungsradien $R = 1$ cm bzw. 1,5 cm

Der Verlauf von j_g ist in Abb. 4 zusammen mit der wahren konstanten Stromdichte aufgetragen.

Wie die Abb. 2 und 3 eindeutig erkennen lassen, bedingt die Störung durch die magnetische Sonde unter den gegebenen Umständen eine starke Verfälschung der Messungen. Diese Behauptung kann auch durch den Einwand nicht entkräftet werden, daß es sich um eine Abschätzung des Störeinflusses handele. Die Effekte liegen weit außerhalb der Ungenauigkeit der Rechnungen. Die aus den verfälschten Meßergebnissen gewonnenen Resultate für die Stromdichteverteilung weichen entsprechend Abb. 4 in dem gesamten Radialbereich – ausgenommen eine schmale mittlere Zone – entscheidend ab.

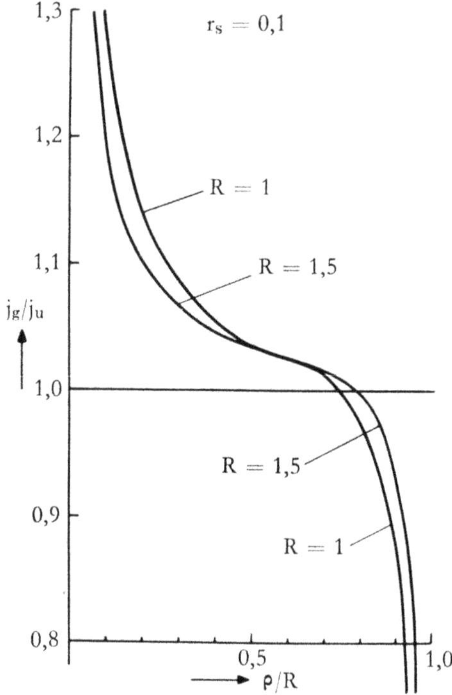

Abb. 4 Verhältnis der gestörten zur ungestörten Stromdichte; Daten wie in Abb. 3

Formel für die Sondenstörung bei beliebiger Stromdichteverteilung

Wir wollen nun die im vorhergehenden Abschnitt für konstante Stromdichte gewonnene Relation (14)

$$\Delta H(\rho) = j_0 \frac{2\,\pi r_s}{C} f(R - \rho) \tag{20}$$

für beliebige Stromdichteprofile verallgemeinern. Dazu approximieren wir den Graphen der ungestörten Stromdichte $j(\rho)$ durch eine Stufenfunktion (s. Abb. 5). Die gesamte Magnetfeldstörung am Meßpunkt wird aus den Beiträgen der durch die Stufenhöhe der Approximationsfunktion bestimmten Teilstromdichten additiv

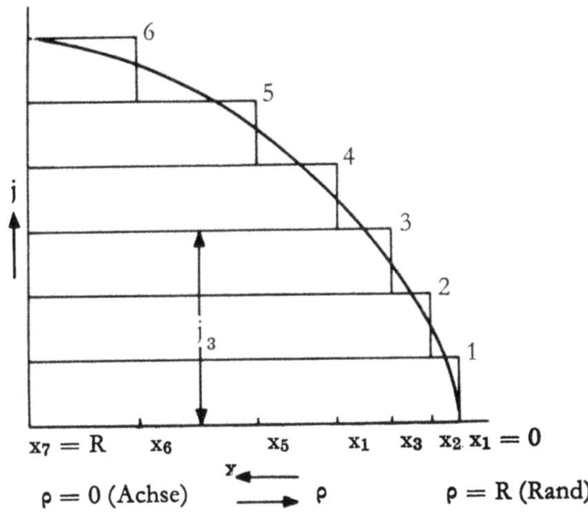

Abb. 5 Stufenapproximation bei veränderlicher Stromdichteverteilung

zusammengesetzt. Die einzelnen Störungsbeiträge sind mit Hilfe der Beziehung (14) zu erfassen. Die Summation ergibt

$$\begin{aligned}\Delta H(\rho) &= \frac{2\,\pi\,r_s}{C}\{j_1 f(R-\rho) + (j_2 - j_1)\, f(R - x_2 - \rho) + \ldots \\ &\quad + (j_{n+1} - j_n)\, f(R - x_{n+1} - \rho)\} \\ &= \frac{2\,\pi\,r_s}{C}\{j_1 [f(R-\rho) - f(R - x_2 - \rho)] + \ldots \\ &\quad + j_n [f(R - x_n - \rho) - f(R - x_{n+1} - \rho)] + j_{n+1}\, f(R - x_{n+1} - \rho)\} \\ &= \frac{2\,\pi\,r_s}{C}\Big\{j_{n+1}\, f(R - x_{n+1} - \rho) \\ &\quad + \sum_{\nu=1}^{n} j_\nu [f(R - x_\nu - \rho) - f(R - x_{\nu+1} - \rho)]\Big\}\end{aligned} \tag{21}$$

Durch Grenzübergang folgt hieraus

$$\Delta H(\rho) = \frac{2\,\pi\,r_s}{C}\left\{[j(x) \cdot f(R - x - \rho)]_{x=R-\rho} - \int_0^{R-\rho} j(x)\,\frac{df(R - x - \rho)}{dx}\,dx\right\} \tag{22}$$

mit Gleichung (18) gewinnt man für Δj die Integralgleichung

$$\Delta j(\rho) = \frac{r_s}{2\,\rho}\,\frac{\partial}{\partial \rho}\left\{\rho\left\langle [j(x) \cdot f(R - x - \rho)]_{x=R-\rho} - \int_0^{R-\rho} j(x)\,\frac{df(R - x - \rho)}{dx}\,dx\right\rangle\right\} \tag{23}$$

Dieses Verfahren basiert auf der Voraussetzung der ungestörten Superposition der Einzelbeiträge in Gleichung (21). Dies bedeutet, daß entlang der Sondenachse die relative Stromdichteänderung über eine Entfernung von der Größenordnung des Sondenradius klein sein muß.
Die Beziehung (23) wurde mit Hilfe eines Digitalrechners für die folgenden charakteristischen Profile ausgewertet

$$\text{A)}\; j(x) = j_0 = \text{const} \qquad \text{D)}\; j(x) = j_0\left\{1 - \left(1 - \frac{x}{R}\right)^3\right\}$$

$$\text{B)}\; j(x) = j_0 \exp - \left\{\frac{8}{3}\left(\frac{x}{R} - \frac{1}{2}\right)\right\}^2 \qquad \text{E)}\; j(x) = j_0\left(\frac{x}{R}\right)^3 \qquad (24)$$

$$\text{C)}\; j(x) = j_0 \exp - \left\{8\left(\frac{x}{R} - \frac{1}{2}\right)\right\}^2 \qquad \text{F)}\; j(x) = j_0\left(1 - \frac{x}{R}\right)^3$$

Die Profile sind zusammen mit den Ergebnissen in den Abbildungen 6, 7 und 8 dargestellt.

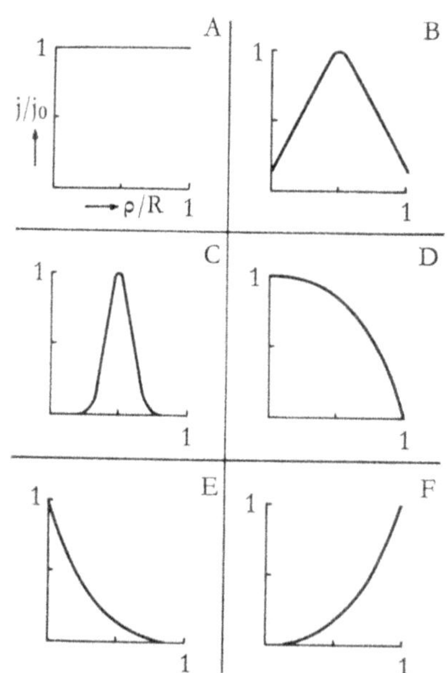

Abb. 6

Abb. 6, 7, 8 Relative Stromdichtestörung für sechs charakteristische Profile; $r_s = 0{,}05$ cm; $R = 2{,}5$ cm; die Kurve Γ gibt den Volumenfehler an (s. Anhang)

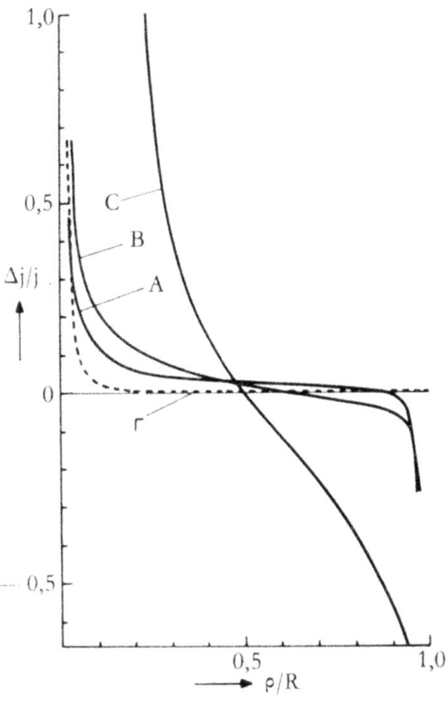

Abb. 7

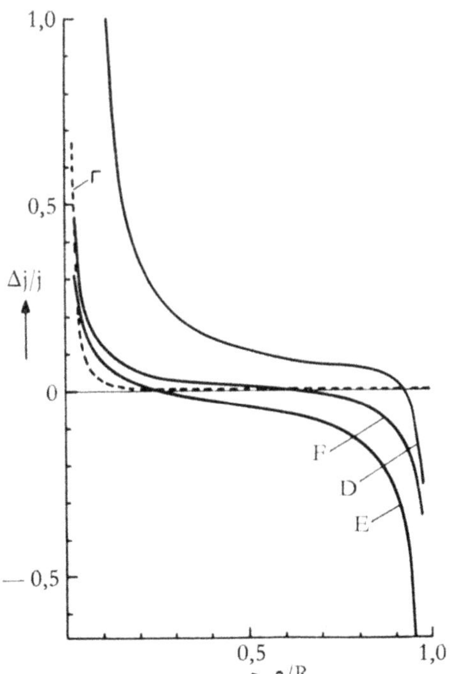

Abb. 8

Iterative Korrektur einer gemessenen Stromverteilung

Unter der Voraussetzung, daß der Meßfehler Δj klein gegenüber j_g ist, läßt sich ein Iterationsverfahren angeben, mit dessen Hilfe man die gemessene Stromdichteverteilung korrigieren kann.
Die Gleichung (23) stellt einen Zusammenhang zwischen einer gegebenen Stromdichteverteilung und ihrer Störung her. Dieser Zusammenhang läßt sich mit Hilfe eines geeigneten Operators Δ_{op} in der Form

$$\Delta j = \Delta_{op}(j) \tag{25}$$

beschreiben. Gleichung (25) ordnet der gegebenen Stromdichteverteilung eine gestörte Stromdichteverteilung durch die Beziehung

$$j_g = j + \Delta j \tag{26}$$

zu. Iterative Anwendung der Operatorgleichung (25) ergibt ausgehend von der gemessenen Stromdichteverteilung j_g die Beziehung

$$\Delta j = \sum_{\nu=1}^{\infty} (-1)^{\nu-1} \Delta_{op}^{\nu}(j_g) \tag{27}$$

oder mit Gleichung (26)

$$j = \sum_{\nu=0}^{\infty} (-1)^{\nu} \Delta_{op}^{\nu}(j_g) \tag{28}$$

Die Konvergenz der Reihe (28) ist schwierig zu übersehen und muß im Einzelfall untersucht werden. Wir haben jedoch für drei der im Vorgang [Gleichung (24)] untersuchten Profile (A, B, D) das Iterationsverfahren auf die gestörten Profile angewandt und maschinell fünfzig Iterationen durchgeführt. Es zeigte sich, daß bereits nach drei Iterationsschritten die Abweichung von dem wahren Profil weniger als 1% betrug.

II. Diskussion

In der Literatur liegen bisher praktisch keine Berechnungen des hier erörterten Fehlers bei magnetischen Sonden vor. Zur Abschätzung wurde lediglich das Störvolumen vor der Meßspule herangezogen. Im übrigen wurde die Vermutung geäußert, daß wesentliche Störungen nur im Bereich stark inhomogener magnetischer Felder zu erwarten seien.

Wie unsere Ergebnisse erkennen lassen, ist der Fehler bei allen untersuchten Profilen größer als der nach dem Störvolumen abgeschätzte. Insbesondere ergeben sich erhebliche Meßfehler auch in den Bereichen geringer räumlicher Inhomogenität des Magnetfeldes.

Der relative Meßfehler hat in allen Fällen große positive Werte in der Nähe der Achse und geht abnehmend zu starken negativen Werten in der Nähe des Randes über. Bezüglich der Einzelheiten verweisen wir auf die Figuren. Allerdings sollte man bei der Interpretation dieser Kurven der Tatsache besondere Beachtung schenken, daß es sich um den relativen Fehler handelt. Bei einigen dieser Profile liegen die stärksten Abweichungen in den Bereichen minderen Interesses, d. h. bei verschwindenden Stromdichten.

Ersichtlich sind in den Abbildungen sowohl die achsennahen wie auch die randnahen Gebiete nicht erfaßt. Dies kennzeichnet die Schranken unseres Näherungsverfahrens.

Wir danken Herrn Dr. Albrecht für die Durchführung der numerischen Auswertung auf der Rechenanlage ER 56 des Rheinisch-Westfälischen Instituts für Instrumentelle Mathematik. Herrn Direktor Professor Unger danken wir für die Überlassung der Rechenanlage.

Prof. Dr. Günter Ecker
cand. phys. Walter Kröll
Dipl.-Phys. Oswald Zöller

III. Literaturverzeichnis

[1] Lovberg, R. H., The Use of Magnetic Probes in Plasma Diagnostics, Ann. Phys. 8, 311 (1959).

[2] Kluge, W. und W. Thielo, Die Verwendung magnetischer Sonden zur Untersuchung von Plasmen hoher Dichte. Proceedings of Fifth International Conference on Ionization Phenomena in Gases. Munich (1961).

[3] Lamb, H., Hydrodynamics, Cambridge University Press.

Anhang

Berechnung der Größen $\vec{H}_{uk}$, $\vec{H}_{gk}$, $\vec{H}_{uz}$ und $\vec{H}_{gz}$

Nach dem verallgemeinerten Biot-Savart'schen Gesetz gilt:

$$\vec{H}_{uk} = -\frac{1}{c} \int_{V_k} \frac{\vec{j}_0 \times \vec{r}}{r^3} dV$$

$$= -\frac{j_0}{c} \int_{V_k} \frac{\vec{e}_z \times \{\vec{e}_x x + \vec{e}_y y + \vec{e}_z z\}}{(x^2 + y^2 + z^2)^{\frac{3}{2}}} dx\,dy\,dz \qquad (29)$$

V_k = Volumen der Halbkugel mit dem Radius 5 r_s.

Unter Berücksichtigung von Symmetrieeigenschaften des Integranden ergibt sich

$$\vec{H}_{uk} = \vec{e}_x \frac{j_0}{c} \int_{V_k} \frac{y}{(x^2 + y^2 + z^2)^{\frac{3}{2}}} dx\,dy\,dz$$

Die Auswertung in sphärischen Polarkoordinaten liefert Gleichung (10).

$$\vec{H}_{gk} = -\frac{1}{c} \int_{V_{HK}} \frac{\vec{j} \times \vec{r}}{r^3} dV \qquad (30)$$

V_{HK} = Volumen der Hohlkugel mit Innenradius r_s und Außenradius 5 r_s.

Setzt man $\vec{j}$ entsprechend Gleichung (6) in kartesischen Koordinaten in diese Beziehung ein und berücksichtigt Symmetrieeigenschaften des Integranden, so folgt

$$\vec{H}_{gk} = \vec{e}_x \frac{j_0}{c} \left\{ \int_{V_{HK}} \frac{y}{r^3} dx\,dy\,dz + \frac{r_s^3}{2} \int_{V_{HK}} \frac{y}{r^6} dx\,dy\,dz \right\}$$

Unter Benutzung von sphärischen Polarkoordinaten erhält man Gleichung (11).

Bei der Berechnung von $\vec{H}_{uz}$ gehen wir von der Beziehung (29) aus. Die Integration ist nun über ein Zylindervolumen V_Z mit dem Radius 10 r_s und der Länge $R - \rho$ zu erstrecken. Die Rechnung liefert

$$\vec{H}_{uz} = \vec{e}_x \frac{j_0}{c} \int_{V_Z} \frac{y}{(x^2 + y^2 + z^2)^{\frac{3}{2}}} dx\,dy\,dz$$

Hieraus folgt unter Verwendung von Zylinderkoordinaten Gleichung (12).

$\vec{H}_{gz}$ ist durch Beziehung (30) gegeben mit der Stromdichte j gemäß Gleichung (7) in kartesischen Koordinaten. Dabei ist jedoch jetzt über ein Hohlzylindervolumen mit Innenradius r_s, Außenradius $10\, r_s$ und Länge $R - \rho$ zu integrieren. Für $\vec{H}_{gz}$ erhalten wir

$$\vec{H}_{gz} = \vec{e}_x \frac{j_0}{c} \int_{V_{HZ}} \frac{y}{(x^2 + y^2 + z^2)^{\frac{3}{2}}} \, dx\, dy\, dz$$

Die Auswertung in Zylinderkoordinaten liefert Gleichung (13).

Berechnung des relativen Volumenfehlers

Das Sondenvolumen oberhalb der Meßspule bezeichnet man als Störvolumen. Der Quotient aus Störvolumen und untersuchtem Plasmavolumen (Querschnittsfläche des Entladungskanals x Sondendurchmesser) ergibt den relativen Volumenfehler:

$$\Gamma = \frac{2}{3}\left(\frac{r_s}{\rho}\right)^2 \tag{31}$$

FORSCHUNGSBERICHTE DES LANDES NORDRHEIN-WESTFALEN

Herausgegeben im Auftrage des Ministerpräsidenten Dr. Franz Meyers von Staatssekretär Prof. Dr. h. c. Dr.-Ing. E. h. Leo Brandt

PHYSIK

HEFT 10
Prof. Dr. W. Vogel, Köln
„Das Streifenpaar" als neues System zur mechanischen Vergrößerung kleiner Verschiebungen und seine technischen Anwendungsmöglichkeiten
1953, 20 Seiten, 6 Abb., DM 4,50

HEFT 62
Prof. Dr. W. Franz, Institut für theoretische Physik der Universität Münster
Berechnung des elektrischen Durchschlags durch feste und flüssige Isolatoren
1954, 36 Seiten, DM 7,—

HEFT 103
Prof. Dr. W. Weizel, Bonn
Durchführung von experimentellen Untersuchungen über den zeitlichen Ablauf von Funken in komprimierten Edelgasen sowie zu deren mathematischen Berechnung
1955, 32 Seiten, 12 Abb., DM 9,10

HEFT 104
Prof. Dr. W. Weizel, Bonn
Über den Einfluß der Elektroden auf die Eigenschaften von Cadmium-Sulfid-Widerstands-Photozellen
1955, 48 Seiten, 12 Abb., DM 9,45

HEFT 107
Prof. Dr. H. Lange und Dipl.-Phys. P. St. Pütter, Köln
Über die Konstruktion von Laboratoriumsmagneten
1955, 66 Seiten, 19 Abb., 1 Tabelle, DM 12,30

HEFT 122
Prof. Dr. W. Fucks †, Aachen
Untersuchungen zur Verbesserung der Wasseraufbereitung und Wasseranalyse:
Über die Schnellbewertung von Ionenaustauschern
1955, 48 Seiten, 32 Abb., DM 12,30

HEFT 125
Prof. Dr. E. Kappler, Münster
Eine neue Methode zur Bestimmung von Kondensations-Koeffizienten von Wasser
1955, 46 Seiten, 11 Abb., 1 Tabelle, DM 9,10

HEFT 141
Dr. J. van Calker und Dr. R. Wienecke, Münster
Untersuchungen über den Einfluß dritter Analysenpartner auf die spektrochemische Analyse
1955, 42 Seiten, 15 Abb., DM 9,10

HEFT 145
Dr. G. Hennemann, Werdohl (Westf.)
Beitrag zur Interpretation der modernen Atomphysik
1955, 34 Seiten, DM 10,—

HEFT 148
Prof. Dr. H. Bittel und Dipl.-Phys. L. Strom, Münster
Untersuchungen über Widerstandsrauschen
1955, 40 Seiten, 5 Abb., DM 8,40

HEFT 157
Dr. W. Jawtusch, Dr. G. Schuster und Prof. Dr.-Ing. R. Jaeckel, Bonn
Untersuchungen über die Stoßvorgänge zwischen neutralen Atomen und Molekülen
1955, 48 Seiten, 15 Abb., 3 Tabellen, DM 10,50

HEFT 169
Forschungsinstitut für Pigmente und Lacke, Stuttgart
Arbeiten über die Bestimmung des Gebrauchswertes von Lackfilmen durch physikalische Prüfungen
1955, 70 Seiten, 23 Abb., 4 Tabellen, DM 15,—

HEFT 174
Prof. Dr. phil. C. v. Fragstein, Dr. J. Meingast und H. Hoch, Köln
Herstellung von Solen einheitlicher Teilchengröße und Ermittlung ihrer optischen Eigenschaften
1955, 78 Seiten, 80 Abb., 4 Tabellen, DM 18,25

HEFT 178
Prof. Dr. M. v. Stackelberg und Dr. W. Hans, Bonn
Untersuchungen zur Ausarbeitung und Verbesserung von polarographischen Analysenmethoden
1955, 46 Seiten, 14 Abb., DM 10,50

HEFT 187
Dipl.-Ing. F. Göttgens, Essen
Über die Eigenarten der Bimetall-, Thermo- und Flammenionisationssicherungsmethode in ihrer Anwendung auf Zündsicherungen
1955, 40 Seiten, 6 Abb., 4 Tabellen, DM 8,40

HEFT 189
Fa. E. Leybold's Nachfolger, Köln
I. Ausgewählte Kapitel aus der Vakuumtechnik
II. Zum Verlust anorganisch-nichtflüchtiger Substanzen während der Gefriertrocknung
1955, 52 Seiten, 16 Abb., 3 Tabellen, DM 11,20

HEFT 194
Dr. K. Hecht, Köln
Entwicklung neuartiger physikalischer Unterrichtsgeräte
1955, 42 Seiten, 16 Abb., DM 9,90

HEFT 209
Dr. K. Bunge, Leverkusen
Materialabbau in Funkenentladungen. Untersuchungen an Zinkkathoden
1956, 54 Seiten, 10 Abb., 5 Tabellen, DM 11,40

HEFT 210
Dr. W. Porschen und Prof. Dr. W. Riezler, Bonn
Langlebige Alphaaktivitäten bei natürlichen Elementen
1955, 40 Seiten, 5 Abb., 4 Tabellen, DM 8,80

HEFT 233
Dr. H. Haase, Hamburg
Infrarot-Bibliographie
1956, 90 Seiten, DM 17,80

HEFT 251
Prof. Dr. H. Bittel, Münster
Zur Statistik der ferromagnetischen Elementarvorgänge und ihren Einfluß auf das Barkhausenrauschen
1956, 52 Seiten, 14 Abb., DM 11,65

HEFT 259
Prof. Dr. W. Linke, Aachen
Strömungsvorgänge in künstlich belüfteten Räumen
1956, 52 Seiten, 37 Abb., 1 Tabelle, DM 11,80

HEFT 264
Prof. Dr. W. Weizel, Bonn
Durch schnelle Funkenzusammenbrüche ausgelöste Signale auf einer Leitung
1956, 26 Seiten, 4 Abb., 3 Tabellen, DM 6,10

HEFT 267
Prof. Dr. W. Weizel und B. Brandt, Bonn
Zur Stabilität stromstarker Glimmentladungen
1956, 36 Seiten, 7 Abb., DM 8,40

HEFT 299
Dr. J. Fassbender und W. Hoppe, Bonn
Eine photoelektrische Nachlaufeinrichtung für Analogie-Rechenmaschinen
1956, 20 Seiten, 8 Abb., DM 7,65

HEFT 326
Prof. Dr.-Ing. E. Essers, Dr.-Ing. J. Essers und Dipl.-Ing. J. Klein, Aachen
Deichselkräfte an Lastzügen
1957, 96 Seiten, 34 Abb., DM 22,10

HEFT 329
Dipl.-Ing. A. Krüger, Karlsruhe und Feuerwehr-Ing. R. Radusch, Dortmund
Wasserzerstäubung im Strahlrohr
1956, 78 Seiten, 21 Abb., 3 Tabellen, DM 18,65

HEFT 330
Dr.-Ing. E. Pepping, Aachen
Die Durchflußzahl des Rechteckschlitzes in einer sehr großen Wand
1957, 54 Seiten, 21 Abb., DM 12,35

HEFT 332
Prof. Dr.-Ing. R. Jaeckel und Dr. G. Reich, Bonn
Messung von Dampfdrücken im Gebiet unter 10^{-2} Torr
1956, 34 Seiten, 16 Abb., 2 Tabellen, DM 10,40

HEFT 334
Prof. Dr. W. Weizel und Dr. G. Meister, Bonn
Spektralanalyse durch Messung des Interferenz-Kontrastes
1956, 42 Seiten, 8 Abb., DM 9,30

HEFT 335
Prof. Dr. W. Weizel und H. Hornberg, Bonn
Untersuchungen der anodischen Teile einer Glimmentladung
1957, 50 Seiten, 21 Abb., 19 Farbabb., 1 Tabelle DM 32,80

HEFT 341
Prof. Dr.-Ing. H. Winterhager und Dipl.-Ing. L. Werner, Aachen
Präzisions-Meßverfahren zur Bestimmung des elektrischen Leitvermögens geschmolzener Salze
1956, 44 Seiten, 19 Abb., 1 Tabelle, DM 10,60

HEFT 344
Prof. Dr.-Ing. W. Fucks, Aachen
Zur Deutung einfachster mathematischer Sprachcharakteristiken
1956, 38 Seiten, 12 Abb., DM 7,80

HEFT 356
Dipl.-Phys. G. Gurke, Aachen
Aufbau einer Meßanlage für Untersuchungen elektrischer Gasentladung im Bereiche großer p. d.-Werte
1956, 38 Seiten, 13 Abb., 1 Tabelle, DM 8,65

HEFT 357
Prof. Dr.-Ing. W. Fucks, Aachen
Mathematische Analyse der Formalstruktur von Musik
1958, 54 Seiten, 29 Abb., 16 Tabellen, DM 13,60

HEFT 361
Dipl.-Ing. H. F. Klein, Aachen
Die nichtstationären Strömungsvorgänge und der Wärmeübergang in einem Schwingfeuergerät
1957, 84 Seiten, 34 Abb., 4 Falttafeln, DM 25,90

HEFT 368
Prof. Dr. phil. H. Kaiser, Dortmund
Entwicklung betriebsmäßiger spektrochemischer Analysenverfahren für technische Gläser
1957, 40 Seiten, 11 Abb., DM 9,10

HEFT 369
Dipl.-Phys. F. J. Schittko, Bonn
Gasabgabe von Werkstoffen ins Vakuum
1957, 48 Seiten, 20 Abb., 6 Tabellen, DM 13,30

HEFT 375
Technischer Überwachungsverein e. V., Essen
Wanddickenmessungen mittels radioaktiver Strahlen und Zählrohrgerät
1958, 38 Seiten, 15 Abb., DM 9,55

HEFT 380
Dipl.-Phys. R. Trappenberg, Karlsruhe
Theoretische und experimentelle Untersuchungen zur Staubverteilung einer Rauchfahne
1957, 64 Seiten, 7 Abb., 18 Tabellen, DM 14,90

HEFT 386
Prof. Dr.-Ing. H. Opitz und Dipl.-Ing. O. Hake, Aachen
Standzeituntersuchungen und Verschleißmessungen mit radioaktiven Isotopen
1958, 36 Seiten, 33 Abb., 3 Tabellen, DM 12,75

HEFT 404
Prof. Dr. R. Jaeckel und Dipl.-Phys. F. Gross, Bonn
Die Löslichkeit von Gasen in schwerflüchtigen organischen Flüssigkeiten
1957, 46 Seiten, 17 Abb., 1 Tabelle, DM 11,50

HEFT 415
Prof. Dr.-Ing. W. Paul, Dr. rer. nat. O. Osberghaus und Dipl.-Phys. E. Fischer, Bonn
Ein Ionenkäfig
1958, 42 Seiten, 18 Abb., 2 Tabellen, DM 13,65

HEFT 419
Dipl.-Ing. K. Brocks, Mülheim (Ruhr)
Die Messungen der Reflexionseigenschaften künstlicher und natürlicher Materialien mit quasi-optischen Methoden bei Mikrowellen
1957, 78 Seiten, 52 Abb., DM 20,35

HEFT 420
Dipl.-Ing. M. Vogel, Oberpfaffenhofen
Das Spektralgebiet zwischen dem langwelligen Ultrarot und Mikrowellen
1957, 56 Seiten, 2 Abb., DM 13,50

HEFT 432
Dipl.-Phys. Dr. R. Werz, Bonn
Die Entwicklung einer Synchrozyklotron-Ionenquelle
1958, 122 Seiten, 90 Abb., 1 Tabelle, DM 30,30

HEFT 439
Prof. Dr. phil. H. Lange, Köln, und Dr. rer. nat. R. Kohlhaas, Neuß a. Rhein
Anwendung der thermomagnetischen Analyse zum Studium des Umwandlungsverhaltens von Eisenwerkstoffen im Temperaturbereich von —150° C bis +1500° C
1958, 96 Seiten, 72 Abb., 2 Tabellen, DM 27,10

HEFT 443
Prof. Dr. phil. W. Weizel und K. Kluth, Bonn
Über die Struktur der positiven Gleitentladungen
1957, 44 Seiten, 30 Abb., DM 12,20

HEFT 450
Prof. Dr.-Ing. W. Paul, Bonn, und Dipl.-Phys. H. P. Reinhard, Mönchengladbach
Das elektrische Massenfilter als Isotopentrenner
1958, 56 Seiten, 20 Abb., DM 13,50

HEFT 459
Prof. Dr. phil. F. Wever, Dr. phil. O. Krisement und H. Schädler, Düsseldorf
Ein isothermes Mikrokalorimeter zur kinetischen Messung von Umwandlungs- und Ausscheidungsvorgängen in Legierungen
1957, 32 Seiten, 14 Abb., DM 10,75

HEFT 460
Prof. Dr. phil. F. Wever und Dr. rer. nat. B. Ilschner, Düsseldorf
Ein isothermes Lösungskalorimeter zur Bestimmung thermo-dynamischer Zustandsgrößen von Legierungen
1957, 32 Seiten, 7 Abb., 4 Tabellen, DM 10,40

HEFT 502
Prof. Dr. M. Diem und Dr. R. Trappenberg, Karlsruhe
Berechnung der Ausbreitung von Staub und Gas
1957, 18 Seiten Text und 67 z. T. großformatige zweifarbige Diagramme, DM 37,30

HEFT 504
Prof. Dr. phil. F. Wever, Dr. phil. W. Winke und Dr. rer. nat. W. Jellinghaus, Düsseldorf
Versuchsanordnung zur Messung der Suszeptibilität paramagnetischer Stoffe und Meßergebnisse an Nickel-Chrom- und Kobalt-Nickel-Chrom-Werkstoffen
1958, 38 Seiten, 10 Abb., 2 Tabellen, DM 9,95

HEFT 507
Prof. Dr. H. Kaiser, Dortmund, Dr. G. Bergmann, Dortmund, und Priv.-Doz. Dr. G. Kresze, Berlin
Kartei zur Dokumentation in der Molekülspektroskopie
1958, 34 Seiten, 3 Abb., 6 Tabellen, DM 11,90

HEFT 510
Prof. Dr. rer. nat. W. Groth, Dr.-Ing. K. Bayerle, Dr. rer. nat. H. Ihle, Dr. rer. nat. A. Murrenhoff, E. Nann und Dr. rer. nat. K. H. Welge, Bonn
Anreicherung der Uranisotope nach dem Gaszentrifugenverfahren
1958, 76 Seiten, 43 Abb., DM 21,20

HEFT 516
Prof. Dr.-Ing. H. Müller, Dipl.-Ing. F. Reinke und Dipl.-Ing. W. Sorgenicht, Essen
Gesamtstrahlungsmessungen der Temperaturstrahlung
1958, 82 Seiten, 18 Abb., DM 22,80

HEFT 519
Prof. Dr. phil. F. Wever, Dr. phil. W. Koch und Dr. phil. S. Eckhard, Düsseldorf
Die spektrographische Bestimmung der Spurenelemente in Stahl ohne vorherige Abbrennung
1958, 36 Seiten, 22 Abb., DM 12,60

HEFT 527
Dr. rer. nat. K. G. Müller, Hanau/W.
Wärmeübertragung auf eine Flugstaubströmung im senkrechten Rohr sowie auf eine durchströmte Schüttgutschicht
1958, 74 Seiten, 34 Abb., 7 Tabellen, DM 20,70

HEFT 537
Dr.-Ing. N. Gössl, Frankfurt a. M.
Probleme der Zugförderung im Zusammenhang mit der Ausnutzung der Atom-Energie
1958, 116 Seiten, 28 Abb., 12 Tabellen, DM 29,90

HEFT 548
Prof. Dr.-Ing. K. Leist und Dr.-Ing. J. Weber, Aachen
Spannungsoptische Untersuchungen von Turbinenscheiben mit angefrästen und eingesetzten Schaufeln
1958, 28 Seiten, 28 Abb., 4 Tabellen, DM 8,30

HEFT 549
Dr.-Ing. R. Merten, Duisburg
Resonanzanpassung bei einem Tiefpaß
1958, 22 Seiten, 16 Abb., DM 9,—

HEFT 550
Dr. H. Stephan, Bonn
Elektrisches Standhöhenmeßgerät für Flüssigkeiten
1958, 26 Seiten, 13 Abb., 2 Tabellen, DM 10,10

HEFT 551
Prof. Dr. phil. W. Weizel und Dipl.-Phys. B. Brandt, Bonn
Betriebsbedingungen einer stromstarken Glimmentladung
1958, 68 Seiten, 18 Abb., DM 16,—

HEFT 567
Dr. rer. nat. K. Sauerwein, Düsseldorf
Anwendungen radioaktiver Isotope in der Technik
1958, 74 Seiten, 33 Abb., 9 Tabellen, DM 19,60

HEFT 583
Prof. Dr. phil. F. Kirchner, Dipl.-Phys. H. Baron und Dipl.-Phys. H. Kirchner, Köln
Verwendbarkeit von Zählrohren zu massenspektrometrischen Untersuchungen
1958, 12 Seiten, 5 Abb., DM 6,70

HEFT 590
Übergabe des Synchro-Zyklotrons an das Institut für Strahlen- und Kernphysik der Universität Bonn am 8. Mai 1957
1958, 52 Seiten, 16 Abb., DM 16,50

HEFT 594
Prof. Dr. A. Nikuradse, München
Energieabsorption von Atomkernstrahlen in organischen Stoffen und durch sie hervorgerufene Reaktionsprozesse
1958, 56 Seiten, 13 Abb., 2 Tabellen, DM 15,10

HEFT 595
Prof. Dr. A. Nikuradse und Dipl.-Phys. K. Kugler, München
Einfluß der molekularen bzw. atomaren Beschaffenheit der Festwandoberflächenschicht auf die Wechselwirkung zwischen auftretenden Gasmolekülen und der Wand
1958, 16 Seiten, 9 Abb., DM 8,40

HEFT 608
Prof. Dr. habil. W. Linke und Dipl.-Ing. W. Hufschmidt, Aachen
Wärmeübergang bei pulsierender Strömung
1958, 30 Seiten, 18 Abb., DM 9,—

HEFT 615
Prof. Dr. W. Weizel und D. H. Whang, Bonn
Stromverteilung auf der Kathode einer Glimmentladung in Spalten bei hohen Drücken und abseits stehender Anode
1958, 28 Seiten, 16 Abb., DM 8,80

HEFT 616
Prof. Dr. W. Weizel und W. Ohlendorf, Bonn
Die Glimmentladung in spalartigen Entladungsräumen
1958, 38 Seiten, 18 Abb., DM 10,70

HEFT 622
Prof. Dr. W. Franz, Münster
Theorie der Elektronenbeweglichkeit in Halbleitern
1958, 40 Seiten, 9 Abb., DM 10,80

HEFT 642
Dr.-Ing. H.-J. Eckhardt, Essen
Die dielektrische Trocknung bei erniedrigtem Luftdruck mit Beiträgen zum physikalischen Verhalten der Mischkörper
1958, 66 Seiten, 24 Abb., DM 17,10

HEFT 643
Max-Planck-Institut für Silikatforschung, Würzburg
Spannungsmessungen an Schleifkörpern
1958, 38 Seiten, 22 Abb., DM 11,70

HEFT 651
Dr.-Ing. A. Eisenberg, Dortmund
Versuche zur Körperschalldämmung in Gebäuden
1958, 26 Seiten, 20 Abb., DM 8,10

HEFT 652
Dr. phil. nat. H. Haase, Hamburg
Infrarot - Bibliographie II
1959, 42 Seiten, DM 11,—

HEFT 653
Prof. Dr. K. Hamann und Dr. W. Funke, Stuttgart
Die Schutzwirkung organischer Inhibitoren in wäßriger Lösung gegenüber Eisen
1958, 72 Seiten, 31 Abb., DM 18,70

HEFT 656
Prof. Dr. E. Jenckel und Dr. H. Huhn, Aachen
Das Verkleben von Aluminium mit carboxylsubstituiarten Polystrolen
1958, 42 Seiten, 16 Abb., 3 Tabellen, DM 11,60

HEFT 657
Prof. Dr. W. Weizel und Dr. H. Herrmann, Bonn
Glimmentladungen an festen nichtmetallischen Elektroden
1959, 14 Seiten, 2 Abb., 1 Tabelle, DM 5,—

HEFT 662
Prof. Dr. phil. H. Lange und Dr. rer. nat. R. Kohlhaas, Köln
Über die Konstruktion von Laboratoriumsmagneten
2. Teil: Technische Ausführung verschiedener Magnettypen
1958, 30 Seiten, 20 Abb., 3 Tabellen, DM 9,80

HEFT 683
Prof. Dr.-Ing. R. Jaeckel und Dr. rer. nat. H. H. Kutscher, Bonn
Das Verhalten von Überschallströmungen bei Drücken unter 1 Torr
1959, 61 Seiten, 43 Abb., 12 Farbtafeln DIN A 4, DM 50,—

HEFT 684
Prof. Dr. sc. techn. F. Schultz-Grunow und Dr.-Ing. H. Hein, Aachen
Beiträge zur Grenzschichtströmung
1959, 66 Seiten, 49 Abb., 1 Tabelle, DM 19,—

HEFT 687
Prof. Dr. E. Kappler, Dr. H. Frinken und cand. phys. J. Vanheiden, Münster
Teil I: Das elastische Verhalten der Metalle beim Zugversuch im Bereich der plastischen Verformung.
Teil II: Untersuchungen über das elastische Verhalten metallischer Werkstoffe im Bereich der plastischen Verformung beim Brinellschen Kugeldruckversuch
1959, 56 Seiten, 42 Abb., DM 15,30

HEFT 696
Dr. rer. nat. H. Ehrenberg und Dipl.-Phys. H. J. Mürtz, Bonn
Massenspektrometrische Untersuchungen an Bleierzen
1959, 32 Seiten, 12 Abb., 2 Tabellen, DM 9,40

HEFT 717
Prof. Dr. W. Franz, Münster
Leitungsvorgänge in Halbleitern anisotroper Struktur
1959, 30 Seiten, 9 Abb., DM 8,80

HEFT 719
Prof. Dr. phil. H. Lange und Dr. rer. nat. W. Habbel, Köln
Das spannungsoptische Bild von Stoßwellen in der elastischen Halbebene in Abhängigkeit von der Stoßdauer und der Stoßgeschwindigkeit
1959, 52 Seiten, 46 Abb., DM 35,20

HEFT 724
Prof. Dr. G. Eckart, Dr. F. Gimmel, Th. Conrady und B. Scherer, Saarbrücken
Sonderfragen bei Breitband-Schlitzantennen
1959, 32 Seiten, 3 Abb., 4 Kurvenblätter, DM 9,40

HEFT 735
Dipl.-Ing. R. Lüttmann, Essen-Steele
Wärmeaustausch bei durch Anwendung von Sintermetallen verschiedenartig ausgeführten Wärmeübertragungsflächen
1959, 27 Seiten, 13 Abb., DM 8,80

HEFT 752
Prof. Dr. W. Weizel und Dipl.-Phys. Dr. H. Hornberg, Bonn
Glimmentladungssäulen ohne Wandeinflüsse
1959, 52 Seiten, DM 41,—

HEFT 753
Prof. D r. E. Jenckel und Dipl.-Phys. K.-H. Illers, Aachen
Mechanische Relaxationserscheinungen in vernetztem und gequollenem Polystrol
1959, 92 Seiten, 49 Abb., DM 24,80

HEFT 759
Dr. C. Brunnée und Dr. L. Jenckel, Bremen
Untersuchungen und Verbesserung des Störuntergrundes im Massenspektrometer
1960, 59 Seiten, 36 Abb., DM 17,70

HEFT 760
Dipl.-Phys. B. Franzen, Prof. Dr.-Ing. W. Fucks und Prof. Dr. phil. G. Schmitz, Aachen
Vergleich von Korona- und Hitzdrahtanemometer durch Messung von Turbulenzspektren
1959, 70 Seiten, 49 Abb., DM 19,90

HEFT 779
Prof. Dr.-Ing. F. Eisele und Dipl.-Phys. D. Löbell
Untersuchungen der kennzeichnenden Eigenschaften von Meßuhren und Feinzeigern
1959, 106 Seiten, 67 Abb., DM 29,20

HEFT 797
Prof. Dr. phil. H. Lange und Dr. rer. nat. R. Kohlhaas, Köln
Über die wahre spezifische Wärme von Eisen, Nickel und Chrom bei hohen Temperaturen
1960, 115 Seiten, 38 Abb., 24 Tabellen, DM 31,20

HEFT 829
Dr. H. Strack, Bonn
Glimmentladung im Innern eines kathodischen Rohres
1960, 34 Seiten, 16 Abb., DM 10,30

HEFT 832
Prof. Dr. G. Ecker, D. Voslamber, Bonn
Die Impulsstreuungsmomente in kollektiven Gesamtheiten
1960, 49 Seiten, 4 Abb., DM 15,10

HEFT 836
H. Borchardt, Mülheim (Ruhr)
Physikalisch-technische Grundlagen der meteorologischen Anwendung von Radar nach Erfahrungen mit der Wetterradaranlage des Institutes für Mikrowellen in der Deutschen Versuchsanstalt für Luftfahrt e.V. Mülheim (Ruhr)
1960, 139 Seiten, 59 Abb., 5 Tabellen, 4 Tafeln, 5 Bildserien, DM 39,90

HEFT 853
Prof. Dr. W. Weizel und Dr. G. Albrecht, Bonn
Glimmentladungssäulen ohne Wand bei höheren Drücken
1960, 35 Seiten, 19 Abb., DM 19,90

HEFT 857
Prof. Dr. W. Weizel und Dipl.-Phys. F. Laube, Bonn
Schichten im Faradayschen Dunkelraum der Glimmentladung und elektrochemische Eigenschaften des Entladungsgases
1960, 72 Seiten, 47 Abb., DM 49,80

HEFT 862
Dipl.-Phys. Dr. W. Gerke, Bonn
Drehstromglimmentladung im Stickstoff
1960, 39 Seiten, 22 Abb., 2 Tabellen, DM 12,50

HEFT 871
Prof. Dr. W. Weizel und Dr. H. Herrmann, Köln
Betriebsbedingungen einer Glimmentladung in aggressiven Gasen
1960, 26 Seiten, 14 Abb., DM 14,—

HEFT 872
Prof. Dr. W. Weizel und Dr. H. Franke, Bonn
Untersuchungen an strömenden Stickstoffnachleuchtplasmen einer positiven Säule
1960, 53 Seiten, 24 Abb., DM 16,20

HEFT 904
Regierungsrat Dipl.-Ing. Otto Adam, Forschungsinstitut für Verfahrenstechnik an der Technischen Hochschule Aachen
Untersuchung über die Vorgänge in feststoffbeladenen Gasströmen
1960, 166 Seiten, 86 Abb., 3 Tabellen, DM 48,20

HEFT 926
Prof. Dr.-Ing. Helmut Wolf und Dr.-Ing. Siegfried Heitz, Institut für theoretische Geodäsie der Universität Bonn
Zeitliche Schwerkraft-Änderungen in ihrer Bedeutung für die praktische Gravimetrie
1961, 70 Seiten, 14 Abb., DM 20,20

HEFT 933
Dipl.-Ing. Klaus Stamm, Laboratorium für Ultraschall an der Technischen Hochschule Aachen
Die Vernebelung schmelzbarer Festkörper mit Ultraschall
1960, 24 Seiten, 21 Abb., DM 9,20

HEFT 944
Dipl.-Phys. Günter Waidmann, Gesellschaft zur Förderung der Glimmentladungsforschung e. V., Köln
Nitrierung dünner Stahlschichten mit Hilfe einer Glimmentladung
1961, 50 Seiten, 31 Abb., 2 Tabellen, DM 16,30

HEFT 975
Prof. Dr. A. Narath, Institut für angewandte Photochemie und Filmtechnik der Technischen Universität Berlin
Über die Herstellung von Kernspuremulsionen
1961, 36 Seiten, 10 Abb., 1 Tabelle, DM 11,50

HEFT 976

Dipl.-Phys. Horst Küppers, Institut für Theoretische Physik der Universität Köln

Die Untersuchung der Ausbreitung von Stoßwellen in Platten auf schlierenoptischem und spannungsoptischem Wege

1961, 62 Seiten, 77 Abb., 5 Tabellen, DM 44,60

HEFT 983

Prof. Dr.-Ing. Paul Hadlatsch, Aerodynamisches Institut, Aachen

Berechnung der Druckwellen in Brennstoffeinspritzsystemen und in hydraulischen Ventilsteuerungen

1961, 108 Seiten, 31 Abb., DM 33,90

HEFT 985

Dr. Hans Strack, Gesellschaft zur Förderung der Glimmentladungsforschung e. V., Köln

Temperaturmessung in Glimmentladungen

1962, 44 Seiten, 18 Abb., DM 14,30

HEFT 986

Dr.-Ing. Jameel Ahmad Khan, Aerodynamisches Institut der Technischen Hochschule Aachen

Untersuchungen zur instationären Strömung durch unstetige Querschnittsänderungen in Druckleitungen von Einspritzsystemen

1961, 76 Seiten, 47 Abb., 1 Tab., DM 28,60

HEFT 987

Dr.-Ing. Wilhelm Bosch, Aerodynamisches Institut der Technischen Hochschule Aachen

Untersuchungen zur instationären reibenden Strömung in Druckleitungen von Einspritzsystemen

1961, 56 Seiten, 37 Abb., DM 20,—

HEFT 988

Dr.-Ing. Werner Wilhelm und Dipl.-Ing. Rudolf Jürgler, Aerodynamisches Institut der Technischen Hochschule Aachen

Nichtstationäre, eindimensionale und reibungsfreie Gasströmung schwach kompressibler Medien in Rohren mit einigen unstetigen Querschnittsänderungen

1961, 70 Seiten, 17 Abb., DM 21,50

HEFT 989

Dr.-Ing. Werner Wilhelm, Aerodynamisches Institut der Technischen Hochschule Aachen

Einfluß der Spülkanalabmessungen auf den Ladungswechsel kurbelkastengespülter Zweitakt-Motoren

1961, 99 Seiten, 37 Abb., 16 Tabellen, DM 35,30

HEFT 990

Dr.-Ing. Frieder Voigt, Aerodynamisches Institut der Technischen Hochschule Aachen

Vorgänge beim Start einer Überschallströmung

1961, 36 Seiten, 32 Seiten Bildanhang, DM 23,20

HEFT 991

Dipl.-Ing. Werner Preukschat, Aerodynamisches Institut der Technischen Hochschule Aachen

Beschreibung eines Druckmeßgerätes, das zur Messung geringer Druckschwankungen bei hohen Frequenzen geeignet ist

1961, 22 Seiten, 14 Abb., 2 Tabellen, DM 8,80

HEFT 1001

Dipl.-Phys. Dr. rer. nat. G. Langner, Institut für Elektronenmikroskopie an der Medizinischen Akademie Düsseldorf

Die Informationsübertragung bei der Mikroskopie mit Röntgenstrahlen

1961, 126 Seiten, 7 Abb., DM 37,—

HEFT 1013

Prof. Dr. phil. H. Lange, Dr. rer. nat. K. H. Schmidt, Köln

Theoretische und experimentelle Untersuchung der Strahlengeometrie bei Texturgonoimetern

1961, 120 Seiten, 52 Abb., DM 38,30

HEFT 1014

Prof. Dr. phil. H. Lange, Dr.-Ing. E. Müller, Institut für Theoretische Physik der Universität Köln

Verfahren zur Bestimmung der Gleich- und Wechselfeldmagnetisierung kleiner Proben. Untersuchungen im System der Nickel-Zink-Ferrite

1961, 90 Seiten, 20 Abb., 34 Tab., DM 37,20

HEFT 1034

Dipl.-Phys. Bernd Klüser, Institut für Theoretische Physik der Universität Bonn

Aufteilung der Entladungsenergie auf die Elektronen einer Glimmentladung

1961, 33 Seiten, 21 Abb., DM 12,60

HEFT 1038

Dipl.-Phys. H. Wichmann, Prof. Dr. phil. W. Weizel, Gesellschaft zur Förderung der Glimmentladungsforschung e. V., Institut Köln

Der Einfluß einer Glimmentladung auf die Permeation von Gasen durch Metalle

1961, 58 Seiten, 28 Abb., 11 Skizzen, 2 Tab., DM 22,80

HEFT 1062

Dr.-Ing. H. Pfeiffer, Aerodynamisches Institut der Techn. Hochschule Aachen

Strömungsuntersuchungen an Kreiszylindern bei hohen Geschwindigkeiten

1962, 74 Seiten, 53 Abb., DM 26,—

HEFT 1074

Prof. Dr. rer. techn. Fritz Reutter, Dr. rer. nat. Gerhard Patzelt, Institut für Geometrie und Praktische Mathematik der Rhein.-Westf. Techn. Hochschule Aachen

Mathematische Behandlung einer angenäherten quasilinearen Potentialgleichung der ebenen kompressiblen Strömung.

HEFT 1080

Prof. Dr.-Ing. Ludolf Engel, Institut für Maschinenwesen und Elektrotechnik der Bergakademie Clausthal, Clausthal-Zellerfeld

Theorie der handgeführten schlagenden Druckluftwerkzeuge und experimentelle Untersuchungen insbesondere an Abbauhämmern im normalen und abnormalen Betrieb.

In Vorbereitung

HEFT 1098

Dr. Gerhard Albrecht und Prof. Dr. Günter Ecker, Institut für Theoretische Physik der Universität Bonn

Die positive Säule unter dem Einfluß negativer Ionen.

HEFT 1104

Dr. rer. nat. Rudolf Kohlhaas, Dipl.-Physiker Martin Braun, Institut für Theoretische Physik der Universität Köln Abteilung für Metallphysik, Köln

Die grundlegenden kalorimetrischen Auswertemethoden. Herleitung der thermodynamischen Funktionen des reinen Eisens auf Gund von Messungen an einem Eisen-Mangan-System nach dem Verfahren der verzögerten Mischkalorimetrie.

HEFT 1105

Prof. Dr. phil. Heinrich Lange, Dr. rer. nat. Franz Josef In der Smitten, Institut für Theoretische Physik der Universität Köln, Abteilung für Metallphysik, Köln

Untersuchungen über das magnetische Verhalten dünner Schichten von $-Fe_2O_3$ bei kurzzeitiger Feldeinwirkung.

HEFT 1107

Paul Thomas, Institut für Theoretische Physik der Universität Bonn

Leuchtende Schichten im Faradayschen Dunkelraum der Glimmentladung in Brom-Argon-Gemischen.

In Vorbereitung

HEFT 1124

Prof. Dr. G. Ecker, cand. phys. W. Kröll, Dipl.-Phys. O. Zöller, Institut für Theoretische Physik der Universität Bonn

Fehlerabschätzung für Messungen mit magnetischen Sonden.

HEFT 1144

Prof. Dr. phil. H. Bittel, Dr. rer. nat. K. A. Hempel, Institut für angewandte Physik der Universitä. Münster

Untersuchungen zur ferrimagnetischen Resonanz an Ferriten bei 10 und 24 GHz.

In Vorbereitung

HEFT 1163

Prof. Dr. phil. H. Bittel, Institut für angewandte Physik der Universität Münster

Untersuchungen über das Rauschen strombelasteter Leiter *In Vorbereitung*

HEFT 1168

Prof. Max Friedrich, Forschungsstelle für Brandschutztechnik an der Techn. Hochschule Karlsruhe

Untersuchungen über das Verhalten und die Wirkungsweise verschiedener Trockenlöschmittel

In Vorbereitung

HEFT 1175

Dipl.-Ing. Klaus-Dieter Becker, Dr. rer. nat. Erhard Meister, Universität Saarbrücken

Beitrag zur Theorie des Strahlungsfeldes dielektrischer Antennen *In Vorbereitung*

HEFT 1176

Dipl.-Phys. Alexander Wasiljeff, Universität Saarbrücken

Breitbandimpedanzstudien an Ringschlitzantennen im cm-Wellenbereich *In Vorbereitung*

Ein Gesamtverzeichnis der Forschungsberichte, die folgende Gebiete umfassen, kann bei Bedarf vom Verlag angefordert werden:

Azetylen / Schweißtechnik - Arbeitswissenschaft - Bau / Steine / Erden - Bergbau - Biologie - Chemie - Eisenverarbeitende Industrie - Elektrotechnik / Optik - Fahrzeugbau / Gasmotoren - Farbe / Papier / Photographie - Fertigung - Funktechnik / Astronomie - Gaswirtschaft - Hüttenwesen / Werkstoffkunde - Kunststoffe - Luftfahrt / Flugwissenschaften - Maschinenbau - Medizin / Pharmakologie / NE-Metalle - Physik - Schall / Ultraschall - Schiffahrt - Textiltechnik / Faserforschung / Wäschereiforschung - Turbinen - Verkehr - Wirtschaftswissenschaft.

WESTDEUTSCHER VERLAG · KÖLN UND OPLADEN
567 Opladen/Rhld. · Ophovener Straße 1-3

GPSR Compliance
The European Union's (EU) General Product Safety Regulation (GPSR) is a set of rules that requires consumer products to be safe and our obligations to ensure this.

If you have any concerns about our products, you can contact us on

ProductSafety@springernature.com

In case Publisher is established outside the EU, the EU authorized representative is:

Springer Nature Customer Service Center GmbH
Europaplatz 3
69115 Heidelberg, Germany

www.ingramcontent.com/pod-product-compliance
Ingram Content Group UK Ltd.
Pitfield, Milton Keynes, MK11 3LW, UK
UKHW061659190726
13853UKWH00008B/2301

* 9 7 8 3 6 6 3 0 6 3 0 7 0 *